谨以此书，献给曾经和正在为我国极地科学考察事业贡献力量的科考队员们，献给我的女儿徐美涵和我的爱人董亚丽。

到地球的极点去探险

# 在南极遇见企鹅

徐小龙 著

明天出版社·济南

**图书在版编目（CIP）数据**

在南极遇见企鹅 / 徐小龙著. -- 济南 : 明天出版社, 2024.6
（到地球的极点去探险）
ISBN 978-7-5708-2367-3

Ⅰ. ①在… Ⅱ. ①徐… Ⅲ. ①南极 - 儿童读物 Ⅳ. ①P941.61-49

中国国家版本馆CIP数据核字(2024)第110285号

ZAI NANJI YUJIAN QI'E  DAO DIQIU DE JIDIAN QU TANXIAN
## 在南极遇见企鹅　　到地球的极点去探险

| | |
|---|---|
| 出 版 人 | 李文波 |
| 责任编辑 | 凌艳明 |
| 美术编辑 | 綦超 |
| 封面插画 | 鹿寻光 |
| 内文插画 | 崔崔 |
| 出版发行 | 山东出版传媒股份有限公司　　明天出版社 |
| 地　　址 | 山东省济南市市中区万寿路19号（邮编250003） |
| 网　　址 | http://www.tomorrowpub.com |
| 经　　销 | 新华书店 |
| 印　　刷 | 山东临沂新华印刷物流集团有限责任公司 |
| 规　　格 | 170mm×210mm　16开 |
| 印　　张 | 9 |
| 字　　数 | 56千 |
| 版　　次 | 2024年6月第1版 |
| 印　　次 | 2024年6月第1次印刷 |
| 印　　数 | 1—10000 |
| 书　　号 | ISBN 978-7-5708-2367-3 |
| 定　　价 | 28.00元 |

**如有印装质量问题，请直接与出版社联系调换。电话：（0531）82098710**

# 前 言

亲爱的小读者，你好！非常高兴我们在这里相遇！

我是一名媒体人，我用我手中的笔和相机，记录着极地工作者们在自己的岗位上默默奉献的故事。

要知道，我曾和你一样，梦想当一名科学家！幻想着像牛顿一样用一个苹果与世界对话，像爱因斯坦一样解读宇宙时空，像钱学森一样助推火箭上天，像袁隆平一样填满人们的饭碗……脑子里经常会蹦出匪夷所思的"科学问题"，那时候，科学似乎只存在于书本上、脑海里，以及别人的传奇故事里！

2007年，24岁的我虽然没能实现成为科学家的梦想，但作为我国第24次南极科学考察队随队记者，远赴遥远的地球之极——南极，让我成为与科学家们同行的记录者，也成为"科学故事"中的小角色：

当我信誓旦旦要成为"南极勇士"的时候，却先与"晕船君"狭路相逢，显然，我败得很惨！

当我期盼着早点看到企鹅时，可爱的小企鹅们却带着它们"没见过世面"的好奇心，大老远排队来"参观"科考船！

当我试图靠近冰面上熟睡中的海豹时，却被告知科考队员们并不太喜欢这种南极动物。

当我在冰雪和石头里都发现了"二师兄"的大脸时，"惊恐"本命年的我不会也把"猪脸"丢在南极吧？

当我跟随几名科考队员踏冰、登岛、爬山时，却发现他们竟然是一群企鹅"铲屎官"。

…………

南极科考充满探索的快乐，不过也时常会遇到棘手的难题，有时甚至会面临凶险，但你会发现，勇闯自然、探索未知的科学精神，正藏在这些故事中！

我也是一名极地、海洋科普老师，我用我的科普课堂，向各个年龄段的公众，特别是中小学生讲述我参加南极科考的故事，传递科学精神、南极精神，在孩子们心中埋下成为未来科学家的梦想种子！

当我在课堂上问"北极的动物有哪些时"，竟然有人回答"北极熊、北极狼、北极狐、企鹅、海豹"，为什么我却表示了十二分的肯定？

当我讲课中途，被打断并被问道"假如把北极熊送到南极，会是什么结果"时，我苦笑着回答"会死掉！……主要是高兴死掉"……

当我与小朋友探讨"到底是北极科考困难，还是南极科考困难"时，我非常坚定地告诉他北极科考更难！他却将信将疑。

当我登上即将起航北极科考的"雪龙2"号极地考察船时，仿佛收到了它从遥远北极点邮寄回来的"家信"，我迫不及待地在课堂上"读"给大家听！

当我的队友一个人"独闯"北极，并且一待就是整个北极冬季极夜时，我想知道他是怎么完成科考任务的。

…………

虽然科普课堂是短暂的，但与听众的互动更坚定了我打开极地科考另一扇大门的决心，那里是北极科考。那里似乎更艰难、更漫长、更孤单，气候的变化、物种的灭绝、大国的博弈……科学精神同样蕴藏其中！

当我的女儿宥宥很久没有见到我，有点埋怨地问我"爸爸，你为什么要参加这么久的科考"时，我会把她抱在怀里说："那里有许多好玩的故事！想不想听？"

当学生们课后围着我，意犹未尽地询问什么时候可以再听我讲科考故事的时候，我有了一个想法——

于是，我的极地科考故事，真的来了！

还等什么呢，选择一个舒服的姿势坐好，让我们起航去极地。开讲啦！

# 目录

# 1. 大船上的小圆窗

当我登上"雪龙"号极地考察船，发现这里的窗户几乎全是圆形的，这是为什么呢？

11月份的上海，微凉的海风裹挟着冬的气息，仿佛在向即将远行的南极科考队员们致意。

隆重热闹的启动仪式刚刚结束，两万多吨的"雪龙"号极地考察船便缓缓起航了。科考队员们一起站在船舷旁，送行的人们拥挤在码头，互相挥手告别。

我即将面对的是长达半年的南极科考任务，突然感觉自己像在做梦，嘴里喊着"再见"，却听不见自己的声音。不一会儿工夫，码头的人群变成了一团模糊的"黑线"。

两个多月的科考准备工作像是电影回放一样，在我脑海闪现，搜集资料、准备器材、看望父母……家人对我参加科考的支持和担心仿佛就在眼前。

　　我反复告诉他们："现在的极地科考，已经不再是100多年前的阿蒙森和斯科特探险时代，需要用牺牲换回荣耀，科考队员的生命安全都是有保障的，我们有专业的破冰船、现代化的导航定位设施、高科技的机械装备，一切尽在掌握！"

　　好了，整理好思路，我要出发啦！

　　先要整理房间，不然我都没有地方下脚了，东西太多了。科考队配发的防寒服装、鞋子好几套，各种摄影、摄像设备好几箱，吃的、喝的也买了一大堆。上了船才知道，船上啥啥都有，就连人见人爱的"老干妈"辣椒酱也备得足足的。

室友也是一位记者，他带了一大麻袋黄澄澄的柚子，足足有几十个，非说是"秘密武器"。我嗤之以鼻，莫非他要用柚子喂食企鹅？

不过，打脸的时刻很快就会到来，后来我还见证了"奇迹"，秘密武器真不是吹的，我们后面再聊这个柚子。

我的房间在"雪龙"号的二楼，也就是

靠近大甲板的那一层，队员们登船后脚下踩的钢板，就是大甲板。上面还有五层，"雪龙"号像一栋高楼。我的房间里有独立卫生间，上下床铺、书桌、衣柜样样俱全，像是回到了学生时代的学校宿舍。

有一个地方和学校宿舍不太一样，那就是窗户。

首先，窗户是圆形的，有炒菜锅大小。

其次，窗户有两层，一层厚玻璃，一层厚钢板，没

有窗帘。

第三，窗户上有黑色橡胶圈。

"雪龙"号这一层的窗户为什么是圆形的？为什么有两层？为什么有橡胶圈呢？乘坐过游轮的人可能还有问题，就是为什么游轮上的窗户大多是方形而不是圆形的呢？

回答这些问题前，我先回忆了一下日常生活中的一个小常识，就是"车辆逃生技巧"。

我们经常在汽车、火车、地铁的窗户旁看到一个红色的锤子，叫安全锤。万一遇到车辆故障或事故，需要乘客"破窗而出"时，就要用安全锤去敲打窗户的四角，那里是最容易敲碎的地方。所以，正方形窗户的"软肋"就在它的四个角。

假如"雪龙"号的窗户设计成正方形，一个巨浪打过来，恰好打在方形窗户的窗角处，玻璃碎一地，海水也会灌进来。太危险了！

而且，圆形的窗户传递和分解了来自船体上层的压力，不容易被压变形；而方形窗户的水平顶框传递不出去压力，时间久了很容易被压垮变形。

因此，乘坐过游轮的人看到的方形窗户，大都是在轮船高层的房间，那里的窗户不用承受太多的压力，其实"雪龙"号的四、五、六层房间的窗户也有方形的，只是比较少而已。

黑色的橡胶圈，就是密封圈，也叫水密圈，是用来防水的。

我仔细观察了一下我的保温杯杯盖和塑料餐盒盒盖，上面都有这个橡胶圈，不一定是黑色的。有了它，水杯就不会漏水，

餐盒也不会漏菜汤了。

　　室友告诉我，两层窗户的钢板层，也叫风暴盖，是用来抵御狂风巨浪的，像是盔甲、外骨骼一样保护"雪龙"号在南极的恶劣天气中，不受损害。

# 2. "大宝"摊上大事了

　　自从有了"雪龙2"号极地考察船，我就改叫"雪龙"号为"大宝"了。大宝那一年却摊上了大事！到底是什么事情呢？

有了二宝"雪龙2"号之后，大宝"雪龙"号越来越"稳重"，它会静静地看着二宝在冰区"撒欢儿"：正着撞冰、退着破冰、侧着推冰。二宝像一只刚出生的小北极熊，对这个冰天雪地的世界充满了好奇，在冰面上玩个痛快，训练了很多"新技能"。

　　大宝虽然没有这么多"新技能"，但它用庞大的身躯为二宝打气："有大哥在，你尽管好好练，尽快熟悉海冰，我们哥俩一起闯南极。"

　　大宝"雪龙"号极地考察船，是我国极地科考的功勋船，它已经先后30多次抵达极地开展科考任务。"雪龙"号十分雄伟，它全长167米，宽22.6米，鲜红的船身上赫然写着"雪龙"两个大字，七层高的塔楼像一座

白色城堡，四台橘红色大吊车像四只巨大的章鱼触角，船尾有能容纳两架重型直升机的机舱，还有两个篮球场大小的停机坪。

我的房间在大宝的白色城堡二层，也就是靠近大甲板的那一层，队员们登船后最先到达的就是这一层。二层至五层几乎都是科考队员的房间，七层是驾驶台。

我乘坐直梯，直达驾驶台，这里十分宽敞明亮，

180度视野的窗户让眼前的大海一览无余。驾驶台上各种仪器设备数不胜数：导航仪、鱼探仪、海流计、雷达、卫星电话、各种操纵杆。

科考队员吃饭的餐厅有两个，分别在一层和二层，餐厅配有卡拉OK系统，它和柚子一样，也是"秘密武器"。科学家的实验室在一层，包括海洋物理、海洋化学、海洋生物和大气取样等很多实验室。

再往下走，就是各种功能房间了：厨房、会议室、仓库、健身房、洗衣房、篮球场、游泳池、图书馆、邮局……

那些运往南极的物资都在哪里呢？别着急，你可能忘了，我刚刚说的是白色城堡部分，它的下面还有巨大的红色船身呢。那才是大宝的"大肚腩"，我们常称它为大舱。

这里的空间非常巨大，南极科考站建设用的钢筋混凝土材料、十几辆大型雪地运输车、上千桶航空煤油、各种大型科研仪器设备……整齐码放着。

当大舱门打开后，我站在驾驶台外的围栏向下望去，真的有种两腿发软、头晕目眩的感觉。

平时大舱门是关闭的，上面停放着两个小艇：一艘"黄河"艇，是拉人运货的好手；一艘"中山"艇，运送油料是它的强项。

大宝的破冰能力那是相当厉害，每年11月份南极

进入夏季以后，冰层逐渐变薄，厚度一般都在2米以内。大宝依靠它庞大的身躯和超级体重，可以轻松地把冰层撞裂、撕开。

但那一年，大宝摊上大事了！

那是2013年的12月，有一艘"自不量力"的俄罗斯"绍卡利斯基院士"号破冰船，咱们就称它老绍吧，搭载着一群澳大利亚乘客，去了南极迪维尔海附近，这是一片科考船和游轮都不常去的海域。

南极好像不太欢迎老绍，一阵狂风过后，老绍就被围困在了厚达三四米的浮冰里，动弹不得。这个厚度的浮冰，就连满载排水量可达两万吨的大宝也要退避三分，更何况才几千吨的老绍。

老绍发出了海上求救信号。按照国际惯例，当海上船只遇险发出求救信号时，附近的船有义务参与搜救。恰巧大宝就在附近，其实不是很近，或者说还挺远，有600海里呢。1海里是1.85千米，或者说1.85公里，公里是千米的旧称，那么600海里就有1000多千米呢，是北京到上海的直线距离了。

没办法，南极那里往来船只很少，大宝已经是离得最近，且有救援能力的船了。大宝撂下自己的科考任务，穿越"魔鬼西风带"气旋，用了三天时间，才赶到了距离老绍6海里，也就是11千米的海域。

到了地方，大宝也傻眼了：这里的浮冰也太厚啦！如果不是救人，大宝绝对不会往这么厚的冰区航行。不能再靠近了，不然大宝也要被困住！

此时，大宝搭载的重型直升机"雪鹰"号派上了用场。随着飞机螺旋桨的轰鸣，六个往返架次不间断飞行，"雪鹰"号将老绍船上绝大部分人员转移到了安全区域，随后他们乘坐小艇登上了前来支援的澳大利亚"南极光"号破冰船。

为什么不把人员直接接到"雪龙"号上呢？因为，

大宝"雪龙"号在救援的时候，自己也被浮冰——包围了！动弹不得。

大宝无法应付三四米厚的浮冰前后左右的夹击！这和大宝的破冰方式有很大关系，它主要依靠坚硬的船头撞击海冰，把海冰撞裂开。

就像手拿鼓槌敲击大鼓一样，鼓槌举得越高，敲击时速度越快，发出的声音越响。如果鼓槌距离大鼓太近，没有一定的距离和速度，根本敲不出声。破冰就是这个道理，距离太近，没有发力空间，就破不动了。

大宝停船救人的时候，厚实的海冰以"迅雷不及掩耳"之势，围住了它，让它根本使不上力气再破冰。横在船头的冰层，最厚达到了5米，已然是一座小冰山了。

在被困五天之后，"雪龙"号终于成功突围了。这还要感谢南极又刮起了一阵反方向的狂风，把浮冰吹得不那么紧实了，大宝"雪龙"号才有机会不断挪动身体，挤出一条水路来。这次，真是太悬啦！

# 3. 绕不开的"晕船君"

"魔鬼西风带"！"咆哮西风带"！好恐怖的
名字，听着就让人犯晕。人到底为什么会晕船
呢？有什么好办法解决这个"世界难题"吗？

临行前，我就听老南极科考队员讲，一定要做好心理准备，去南极的路上磨难多，晕船这一关怎么都要过！我当时十分不以为意，不就是晕船吗，我平时不晕车，晕船能奈我何？

　　没想到，"雪龙"号刚到菲律宾海域，"晕船君"就来啦。也就是说，我们还没有从北半球走到南半球，只是航行了十分之一的路程，碰到了一个小小的气旋，它就来了。

　　难道晕船君就是传说中让所有船员都神志不清的"海底幽灵"？

　　特别是第一次参加科考的队员们，真的开始"卧床不起"了，就包括我在内。晕船和晕车还不一样，并没有天旋地转的感觉，就是肠胃闹起了革命，不消化食物了。吃的东西硬是顶到了嗓子眼，强忍着不吐的滋味很难受！一天时间基本都是在床上躺着度过的，身上没有一点力气，整个"雪龙"号上也没有了"人气"，大家都在躺着。

我满脑子都是"为什么，为什么晕船"。爬起来，去找队医。队医微微一笑，故作语重心长道："介（这）个晕船啊，也叫晕动病，是轮船航行中的摇摆运动，刺激了我们的前庭神经而诱发的疾病，也算'神经病'吧。"

我有气无力地看着坏笑的队医。他是一位"老南极"了，这种小风小浪对于他们来讲，都是小意思。

"晕船，通常就是你这个样子，恶心、呕吐、面色苍白。你算好的了，严重的会吐到脱水，身体抽搐，需要打吊瓶的。回去多喝水吧，小伙子，注意休息，后面还要面对'魔鬼西风带'呢！"队医神秘地冲我笑笑，我只得冲他苦笑。

"送你一首晕船歌吧，"队医说道，"一言不发，二目无神，三餐不进，四肢无力，五脏翻腾，六神无主，七上八下，久卧不起，十分难受！"听完我更想吐啦，不过队医描述得还挺准确。"相信你一定能战胜晕船这个神经病。"队医一直在调侃，见过大风大浪的人就是这样"不正经"。

既然队医说晕船是"神经病"，那我就放大招，让神经清醒清醒：

**第一招：唱歌**。"雪龙"号艰难地航行在菲律宾海域万米海沟的上方，此时的阵风风力已达到10级。到餐厅旁边打热水的时候，听到有人在唱歌，我也加入了，一口气唱了5首，将晕船暂时抛在了脑后，似乎感觉"神经病"好了一些。

**第二招：帮厨**。把自己想象成一个不倒翁，在厨房忙前忙后，择菜、洗菜、切菜、和面……，大厨炖肉的香味竟然让我流了口水，开始有胃口了就是好事。先不着急吃肉，因为肠胃还消化不了，先闻闻吧，有食欲就

是"神经病"见好的迹象!

**第三招：面条**。反正吃啥都得吐出来，干脆吃一些方便吐出来的食物。面条，成为"神经病"们的首选，哪怕吃不下面条，也要喝一碗加卤的面条汤，起码呕吐起来不至于干呕。

**第四招：柚子**。还记得我的室友刚登船那一天带的一大麻袋柚子吗？平时我不太爱吃柚子，觉得有点酸、有点苦。可是在晕船的时候，柚子皮的味道却成了最清香的味道，就像夏天往太阳穴上擦了点风油精、清凉油，瞬间整个大脑清爽了很多。我甚至天天抱着柚子皮睡觉。为什么不是橙子、橘子、柠檬呢？"柚子皮厚，可以储存很久，有点磕碰也没事，其他那些不出一个月就开始发霉了。"室友边吃柚子边说。

三四天的工夫，我的晕船彻底好了，甚至可以"随波逐流、随船摇摆"啦。兴奋的我又去找队医："医生，我的神经病好啦！"队医正在准备小药箱，去给一位晕船比较厉害的队友输液。那队友卧床好几天了，有点脱水迹象。队医挎上小药箱，神秘地瞥了我一眼，淡淡地说："过了'魔鬼西风带'，才算真好了！"

"魔鬼西风带"到底是什么？看队医举重若轻的样子，我心里直打鼓。这一定是一个气象词语，东西南北风嘛，我一边琢磨一边朝气象室走去。气象室在"雪龙"号的六层，驾驶台的正下方，紧邻"雪龙"号船长

和科考队领队的房间。从位置来看，它是船上十分重要的一个部门。

气象室每天都会定时接收卫星云图，越接近南极，收图的频率就越高，以便及时了解南极瞬息万变的天气状况。谈到"魔鬼西风带"，老气象员似乎有很多话要说。原来，我们地球大气层中因为冷热空气交融，产生了好几个"风带"，有东风带、西风带、信风带，也叫"行星风带"。

西风带常年刮西风，北半球的西风带在北纬35°至65°之间，刮西南风；南半球的西风带在南纬35°至65°之间，刮西北风。去南极要穿过南半球的西风带，这里是一片空旷的环南极洲海域，海平面一望无际。西北风在这里相当猖狂，形成一个又一个气旋，也就是飓风，像是围着南极的包围圈。

一个个飓风常年把南极围得严严实实，这也是为什么南极至今无人类定居的原因之一。人类在飓风面前，实在是太渺小了。"魔鬼西风带""咆哮西风带""尖叫西风带",从这些名字中,就能感受到人类对它的恐惧。

午饭时,听科考队领队讲述他穿越西风带最危险的一次经历。当时他还是"雪龙"号船长,在西风带遭遇了极其强烈的气旋,因为距离太近,来得突然,船已来不及躲避,只好硬着头皮和飓风来一场遭遇战。

狂风把桅杆上的旗帜吹成了布条,大海里像有千万条黑龙在翻滚,泛着白沫的海浪被推到20多米的高空,又横飞过来,重重砸到驾驶台的玻璃上,船身摇摆逼近极限的40°。船舱里到处是"轰隆""哐当"东西掉落的响声,情况十分危急,科考队员们的心都提到了嗓子眼。与风浪搏斗、抗衡了三天三夜,"雪龙"号终于冲

出了气旋，真有点命悬一线的感觉。

万幸，我们这一次穿越"魔鬼西风带"没有那么惊险，"雪龙"号始终小心翼翼地在前后两个气旋的夹缝中穿行，船的摇摆幅度控制在十几度，已经非常好了。巨大的船身在被巨浪抬起又抛下的时候，还是会发出沉闷的金属扭曲的声音。

我的晕船君早让我打败了，我又去找队医调侃："医生啊，怎么才能让船摇晃得再厉害些？我现在不晃一晃，吃饭不香，睡不着啊！"这一次轮到队医苦笑啦。

# 4."最冷杀手"就是它

　　雷达竟然发现不了这个家伙！就是它，让号称永不沉没的"泰坦尼克"号游轮葬身大海。进入南极前，随处可见它的身影。最好离它远点！

好不容易穿越"魔鬼西风带"，只能算是南极科考路上的第一次摸底考试。

"最冷杀手"马上就要粉墨登场，它们"游荡"在南极圈边缘，像幽灵一样漂浮在海面上，经常深藏在南极大雾中，若隐若现。更要命的是，即使是最先进的雷达，对它们也是毫无察觉，常常"视而不见"，特别是对一些"平头族"。

它们就是巨大的南极冰山。为什么雷达会对这些南极冰山视而不见呢？

我们先从一个游戏开始讲起。这是一个南极科考队全体队员都会参加的"猜冰山"游戏。

南极圈在南纬66°左右，它是环绕南极的一条纬线。

这条线里极昼极夜现象分明，冰山也比较多，所以很多队员猜测，在这个纬度上下会出现第一座冰山，与我们相遇。

我也似懂非懂地猜了一个经纬度，每天都拿着望远镜站在驾驶台瞭望远方，希望能用肉眼观察到"我人生的第一座冰山"。加入游戏的人越来越多，因为很多人都是第一次参加南极科考，经历了"魔鬼西风带"的洗礼，海况刚刚好一些，大家都恢复了正常，精神抖擞起来。驾驶台的望远镜开始不够用了，我就端起照相机，把焦段调到最远，搜寻着。

一天过去了，冰山没有出现。海面出奇得平静，无风无浪。天空厚厚的云层像鱼鳞一样，一片片镶嵌在天边，在阳光的照射下，映出金灿灿的光芒。

又过了一天，天降大雾，船头的探照灯在空中划出两束光柱，直射海面，"雪龙"号前进的速度降到了最低，小心翼翼地穿行在"迷雾森林"。

"冰山要来了！"一位老南极科考队员举着望远镜说。果然，海面上开始零零星星出现乳白色的小冰块。它们面积并不算太小，每块也有教室讲台那么大了。

在迷雾的笼罩中，第一座冰山隐约出现了。

不出所料，雷达上并没有它的踪影。它像"幽灵"一样，在数海里以外的海面上若隐若现。"大冰山！"第一个发现它的人是三副，他大喊道。大家纷纷朝着三副手指的方向望去，像见到了期待已久的明星一样兴奋。

船长静静走回海图室，在地图上标注了一个符号，今年发现的第一座冰山在这里，然后他拿起对讲机用低沉的声音说道："进入冰区，进入冰区，全体船员注意，全体船员注意！"

船员们脸上似乎没有科考队员们的兴奋与喜悦，"冰区"听上去像是战场的"雷区"一样，危机四伏！

与我们相遇的第一座冰山，是个"平头族"，也就是平顶冰山。它像一块四四方方的白色蛋糕，平坦而光滑的顶面欺骗了雷达，把它当作了海浪或水面。

我这才恍然大悟，猜冰山游戏其实就是动员全队力量，早点发现冰山，以免这个白色杀手突然袭击。人类航海史上有太多沉痛的教训，我们一定要提高警惕！

　　大宝"雪龙"号在2019年就遭遇过一次白色杀手的突袭，险些酿成大祸！

　　那是一个大雾弥漫的下午，大宝正缓慢航行在南极阿蒙森海浮冰区。驾驶台外的能见度不过百米，海面密集的浮冰从船底裂开、划过，发出嘎吱嘎吱的声响。

　　闯荡南极多年的大宝安全意识非常强，在大雾的天气里，保持低速航行是相当明智的。当年过于自信的"泰坦尼克"号游轮，撞击冰山时的速度达到了22节，也就是每小时45千米，它低估了白色杀手的威力。

　　可说时迟那时快，大宝面前的冰山是突然"蹦出来"的，像一面白色的墙，看不见顶。在大雾的掩护下，这面近20米高的白色冰墙，和天空融为一体，雷达依然对它"视而不见"，肉眼可见的时候，已经晚了。就像

人在浓雾的夜晚摸黑儿走路，手电筒微弱的光线只照亮了脚下的路，头却突然撞上了墙。

幸亏大宝的航行速度非常慢，但在撞击的那一刹那，大宝的鼻子还是受了轻伤，船头的桅杆瞬间折断，巨大的冰块掉落在船头。沉闷的撞击声让全体科考队员为之一颤。

大宝"雪龙"号不愧为南极科考功勋船，船头厚实的钢板在撞击中没有受到任何损坏，清理完

船头的海冰，仍能继续工作。冷酷的白色杀手虽然没把大宝怎么样，但着实给大宝敲响了警钟，给南极科考队敲响了警钟！

继续前进吧！大宝"雪龙"号！

# 5. "嘎嘣脆"，要小心啦

　　在冰上走路，因为滑，一般会"搓着"走，一旦听到"嘎嘣""咔嚓"的声音，就要小心啦！

"看，我们到南极了。"不知是谁喊了一声，顺着船头的方向看去，果然在一群冰山的缝隙里出现了一片深褐色的陆地。经过一个多月的航行，一万多千米的跋涉，12月份，我们终于抵达这一片净土。

　　极昼中的太阳，始终在天空中"晃悠"。凌晨时分，太阳依然洒下金色的光芒。像一片片荷叶一样的浮冰映着阳光，泛出粉红的颜色，大宝"雪龙"号仿佛航行在仙境一般。我国的南极中山科考站就在前方。

　　慢慢地，海面上看不到像荷叶形状、薄薄的浮冰了，几乎全部被海冰覆盖。"雪龙"号的破冰速度明显慢了下来。不一会儿，它又改用"劈柴式"破冰法：像一把斧子，砍一下，拔出来，再砍一下。每次需要倒退

四五百米，然后加速向前，一次可以"砍破"四五十米的冰面，平均每小时只能破500米左右的海冰。这里的海冰是"陆缘冰"，厚度都在2米左右。

中山站在前方20千米的地方，那里还有十几名越冬队员翘首企盼着科考队的到来，他们已经在站区坚守了一年多的时间。站区位于南极普里兹湾，周围除了一个俄罗斯进步科考站，冬季时连企鹅都看不到，真的有点外星球的感觉。想必那十几名越冬队员早就归心似箭了。

大宝使出浑身力气，终于到达距离中山站不到10千米的海面，可以休息一下了。科考队随即进入了卸货状态，要赶在陆缘冰裂开之前，将"雪龙"号肚子里的货物全部卸下来。

为什么此时的南极海冰会裂开呢？

因为每年的11月到次年的2月前后，是南极的夏季，极昼中的太阳不会落山，温度逐渐升高，海冰越来越薄。

在海水潮汐的起落变化中，海冰被撕裂，形成潮汐缝。冰面上到处隐藏着这些长长的冰缝，也叫冰裂隙。它们可不会主动告诉科考队员"我在这里，你们都看见了吧"，特别是下过一场雪之后，冰缝深藏在积雪和薄冰下面，就成了大自然恶作剧的一个个"陷阱"。

科考队员很难判断冰裂隙的真实宽度，甚至根本发现不了它们。只有一脚踩下去的时候，咔嚓一声，"坏了，这儿嘎嘣脆呀！"鞋湿了是小事，整个人和装备都可能一起掉下去。海冰下是3千多米深的海水，掉下去可就冻成"棒棒冰"了。

不光海面上有冰裂隙，南极大陆的冰盖上也到处都是。南极冰盖最厚的地方有4千多米，如果有东西掉进这里的冰缝中，估计需要"半天时间"才能"成功触底"……

其他国家科考站的科考队员，曾经就发生过在南极冰盖上驾驶雪地摩托坠入巨大冰裂隙，最终导致车毁人亡的重大事故。

我们的领队经常苦口婆心教导我们："在南极工作，危险随时存在，面对危险要有敬畏心。只有内心畏惧才会小心谨慎，才不会麻痹大意。同时，也不能被危险吓倒，要用科学的方法工作，避开它们！"

面对"嘎嘣脆"的冰缝，科学方法并不那么深奥，甚至就是一些简单的动作和工具，但关键时刻能保住性命。简单地罗列一下有：

独木桥，就是在冰缝两端架起木桥；串蚂蚱，就是一根绳上拴起所有队员；快解散，当然是快速散开，不要站在一起或挨得太近；快撤退，三十六计，走为上，极地科考不能一味向前，也要学会撤退；胳膊肘，这是长期训练的下意识反应，关键时刻能够保命；大敞门，就是任何时候都要给自己留一条逃生后路。

# 6. 冰裂隙逃生"小妙招"

科考队员都有什么妙招对付冰缝呢?

**独木桥**。卸运物资时，在海冰上难免遇到冰缝。只要冰缝两侧的冰层够厚，科考队员就会搭建临时独木桥，有木板的，也有钢板的，在冰裂隙之间，方便雪地车通行。这一次卸货的海冰路线中，有两处绕不开的冰缝，队员就选择在它们的最窄的位置搭桥，一个宽近40厘米，另一个近60厘米，两侧的海冰厚度都在1米左右。

过独木桥对于重型雪地车来讲是很大的考验，每到一个独木桥前，走在最前面的导航车都要停车，领队和海冰学专家下车仔细观察，有时还会再加固一层桥面。

雪地车通过时，独木桥在重压下甚至会一边翘

起，就像跷跷板。海冰在重压下会忽悠悠地向下沉，胆小的我站在几十米外的地方，身体都会有上下起伏的感觉。

**串蚂蚱**。当我们科考队员需要徒步开展工作时，大家就成了"一根绳上的蚂蚱"。每人手拿一根长棍，就像盲人走路一样，不断敲打着前方路面，检查积雪下是否覆盖着"嘎嘣脆"的冰缝。

绳子紧紧系在每个人的腰上，万一谁

掉到冰裂隙中，其他人可以快速将其拉上来。

**快解散**。大宝"雪龙"号肚子里重量级的大家伙真不少，"章鱼手臂"轻松地把四辆重型雪地车从大仓缓缓吊运出来，轻轻放在了船舷旁边的冰面上。

科考队员迅速登上驾驶室发动雪地车，向船头方向驶去。雪地车的大功率发动机发出轰鸣，响彻南极上空，几分钟后雪地车安全停在远离船体百米开外的冰面上。

其他的雪地车也纷纷被吊运出来，一下船，立刻驶离船边，就像体育老师大喊"解散"，同学们迅速分散开一样。这样就分散了重型雪地车对船边海冰造成的压力，避免局部海冰受力过重而断裂。

**快撤退**。发现新的冰缝挡路，不要犹豫，立即撤退。在冰上卸运物资进入尾声的时候，我跟随导航雪地车往返于"雪龙"号和中山站之间，透过玻璃上的雾气看到冰面上有几只海豹，其中还有一只产仔的大海豹。我高兴得不得了，甚至从天窗探出头去拍摄。

可车上的老南极科考队员脸色有些阴沉，"这么多海豹不是什么好征兆啊，注意冰缝。"他冲着对讲机大喊道。海豹出没的地方往往都有冰缝或海豹洞，这对重型雪地车队来说非常危险。不出所料，"老南极"话音刚落，雪地车便骤然停下！

几名队员打开车门向前跑去，我和导航人员紧跟其后。一条1米多宽的冰缝横在车前，雪地车在上面留下的车辙轨迹被"扯断"，露出了幽深的海水。"这个冰裂隙刚刚裂开没多久。"老南极说着，用脚在冰缝边的海冰上蹭了几下，蓝色冰层里瞬间渗出不少海水来。"不好！这里冰很薄！雪地车肯定过不去！"

"雪龙"号近在咫尺，却被这条冰缝阻隔，仿佛千里之外。冰缝一眼望不到头，像一条破损的锯齿斜倒在冰面上，一直延伸到远处的冰山边缘。"快撤！"老南极吼道，大家马上意识到了事态的严重性。

一旦返回中山站途中出现新的冰缝，我们将面临"四面楚歌"的危境，倘若再赶上天气不好，直升机无法实施救援……大家不敢多想，冲上雪地车，加足马力，撤退！雪地车一路狂奔回中山站。

**胳膊肘**。抬胳膊肘这个简单动作，是需要经过训练

才能形成的下意识动作。它可以应付不太宽的冰缝。我们可爱的船长，就有一次遇险经历，他的胳膊肘救了他。

内陆科考队是南极科考队员中肩负最艰巨任务的一支小分队，他们一般由十几人构成，需要跋涉数百公里，登陆冰盖最高峰。就是在他们的送行仪式上，调皮的南极冰缝给我们破例下船的船长开了个"小玩笑"。

送行那天，天气非常好，直升机搭载着船长和我们几名记者缓缓降落在南极冰盖边缘，船长和一名队员抬着一个纸箱走在我的前面。突然，船长整个人就"消失"了，大家一起"大脑短路"了两秒钟。在我的面前，出现了一个直径约60厘米的冰窟窿，船长整个人都在窟窿里。船长挣扎着用胳膊肘支撑着冰面，眼看就要滑下去了。周围的三五个人迅速扔掉手里的东西，扑向船长，连拉带拽地把他拖上来。另一名队员的一条腿也陷进了旁边的冰窟窿里，倒在地上。

再和船长聊起此事，他说："刚掉进去的时候，根本没顾上害怕，就是脑子一蒙。双脚在冰窟窿里使劲踩了几下，可什么都踩不到，瞬间感到很恐惧。腿都软了，胳膊肘快支撑不住了，不断往下滑。我能感到胳膊肘下的冰嘎嘣脆，很快就要塌下去，幸亏你们把我拉上来。不对，没有你，你个臭小子，见死不救，就知道拍照……"

**大敞门**。无论遇到什么危险，人的生命都是第一位的。在国内，我们无论开车或坐车，如果谁大敞着车门，大家会觉得这人没有安全意识。

可在南极，如果你看到重型雪地车大敞着车门和天窗，在冰上驰骋，那是必须的！

万一雪地车掉入冰裂隙，敞开的车门和天窗就是科考队员唯一的生路。曾经就有一位老南极驾驶雪地车，掉入冰裂隙，连人带车被卷入冰冷的海水中⋯⋯

# 7. "甜甜的" 陷阱

也只有他，呛了四口刺骨的海水，还能游上来！好奇的我也喝了四口海水，咳咳，真凉！没啥味道。啃了口海冰，竟然有点甜甜的！这是为什么呢？

这个人姓徐，老南极，我的队友，我们都叫他老徐。老徐那一次遇险，能活着真是个奇迹！

老徐当班的那天，南极的天空中飘着一些轻雾，一辆辆轰隆作响的雪地车亮起了双排大灯，从船上望下去像一辆辆"星球车"在外星球作业一样。大多数队员都去休息了，只有几位老机械师还在检修车辆。老徐可不喜欢这种天气，他希望雪地车能多跑几趟，尽快把物资都卸运完。

不多久，天气稍稍好转了些，雾气将要散去。老徐开始找人一起去探路，他在船舱的房间里转了一圈，发现"连轴转"的队员们一个个疲惫不堪，都已经倒头睡觉。老徐一个人登上了雪地车。队医后来撇撇嘴说：

"他想叫醒我来着，一看我睡得那么香，就没忍心。幸亏没叫我呀！"

雪地车缓缓从"雪龙"号的左侧开出，可没开多远，老徐就感觉到雪地车在下沉，他下意识加大油门，想挣脱这个新裂开的冰缝。可此时，冰冷的海水已经淹没了雪地车的履带，雪地车倾刻间倒入海里。

原本敞开着的车门在海水的冲压下关上了，无法打开。老徐先挪到空间较大一些的副驾驶位置，左手去推动车门上的移动窗，右手去拧头顶的天窗。挪位置、开天窗这连续的动作不

过几秒钟，幸亏老徐有个好习惯：雪地车的天窗永远是半开着的。天窗全打开会很冷，半开着就是给自己和队友留一条生路。

在车门移动窗和天窗打开的瞬间，刺骨的海水裹挟着碎冰灌了进来。老徐使出全身力气，挤出了天窗。可正当他想往上游的时候，脚上又厚又沉的雪地靴却卡在了天窗上，老徐用力蹬掉靴子。

靴子是蹬掉了，可老徐也连续呛了四口冰冷的海水。此时，老徐已经下沉到五六米深的海水里，雪地车缓缓地沉入了海底，老徐拼了命地往

上游，终于冲出海面，大口呼吸了几口空气。双手刚撑住冰面，人就几乎冻僵在那里，没有力气再往上爬。

幸亏队员及时营救，才将他拖出水面。脱掉他湿透且已经结冰的科考服后，大伙发现老徐全身发紫，双眼紧闭，浑身僵直。四五名队员在医生的指挥下，用雪和酒精不断擦拭他的身体，他才慢慢恢复意识。醒来后，老徐第一句话却说："车没了……"

不是每一个掉入冰缝里的南极科考队员都像老徐一样有经验，不是每一个呛了四口水的人，还能从冰冷的海水中游出来，

老徐的经历是不可复制的奇迹！

队医每次见了老徐都会打趣说："我那天没去，也是个奇迹！"

我很好奇海水是啥味道。"嗯，那个节骨眼上，满脑子只想着游上去，身体是僵的，舌头也僵了，根本没尝出味道！"老徐说。为了亲身感受一下被刺骨的海水呛到是什么感觉，我特意在"雪龙"号周围打了一桶海水，盛了一杯，一饮而尽。啊！海水就像长满刺儿的冰球一样，滚入我的肚子。从嘴巴到嗓子眼，又到食道，然后是胃，一阵阵刺痛，像结了冰一样。确实像老徐说的，"根本没尝出味道"。

我又凿了一块海冰，放到嘴里，除了冰凉以外，似乎还有一丝甜甜的感觉。这是为什么呢？我去请教海冰专家。原来，漂浮在海洋上的浮冰可没那么简单，它们有的咸一些，有的淡一些，有的甜一些。这要看这冰是从哪里来的。极地那么大，可不是每一块冰都有一样的

"身世"！它们各自都有一段自己的故事。

有的是年轻的"当年冰"，也就是刚刚冻结上的新冰；有的是已经在海上漂浮了很多年的"万年冰"；有的是或因为狂风、或因为冰下河力量，从陆地上缓慢移入大海的"陆缘冰"。

它们都是什么味道的呢？我们都知道，"舌尖上的味道"肯定和"作料"有关系，加糖就会甜，加盐就会咸。海水里因为有大量的盐分，味道已经不是简单的咸了，而是咸得发苦。

"当年冰"可能会咸一些，但不至于苦。因为它们是由海水迅速结冰而成的。结了冰后，海冰直接漂浮在海面上。即使再怎么翻转，它们还是漂浮着。"密度越大，重量就越大"，海冰的密度要比海水的密度小，所以它们才会漂浮起来。密度小了，就意味着"海冰"的肚子里少东西了！

那海冰到底少了什么呢？原来，海水里的淡水结成冰以后，海水里的盐分和其他"作料"都被"挤走了"！有部分来不及流走的盐分汇聚在一起，形成了黏稠的冰激凌一样的"盐卤汁"，就被包裹在海冰的空隙里。

而且海冰在迅速结冰过程中，还会包裹一些空气进去，形成气泡。所以海冰肚子里的内容和海水就不大一样了，不但少了很多盐分，还有更轻的气泡。因此海冰

比海水轻多了，自然会漂浮在海面上。"当年冰"就是"淡水冰"加了点"盐卤汁"，味道是"有点咸"的。

"万年冰"就不一样了，"白色杀手"那种巨大的冰山，它们的"盐卤汁"早就随着时间的流逝，从冰缝里"逃跑"了，味道又会淡很多。

如果是"陆缘冰"的话，那就更不一样了，它们最初来自陆地上的降雪，部分融化后形成冰河流入海洋，在海洋和陆地的边缘形成了厚实的冰。它们本身就是淡水冻结而成，味道真的会有一点甜！

大宝"雪龙"号所处的这个位置，恰好就是"陆缘冰"的位置，我尝的这块海冰有点甜甜的，这就对了。

老徐现在已经退休了，我耳边经常响起他说的一句话，那还是几年前我们一起去西藏集训，大家气喘吁吁地抵达海拔4千多米的羊卓雍措湖时，老徐说："累不累，想想南极老前辈；苦不苦，我们都是二百五。"……

# 8. 想去南极，
## 先过西藏这一关

队医突发疾病，到底得了什么病呢? 队

医为什么通过了训练，还会犯病?

南极科考队员去西藏集训，是不是感觉挺奇怪？

让我们先从一次南极国际救援说起吧。救谁呢？救的是南极内陆科考队的队医。啊，医生出问题的话，其他队员怎么办……

南极内陆科考队是一支由十几人组成的特殊科考队，他们的任务是驾驶着雪地车，开进南极内陆冰盖最高点，那里的冰面上建设有我们国家的第三个南极科学考察站——昆仑站。

昆仑站没有科考队员日常值守，这里的气温常年都在−50°左右。科考队员曾在这里把滚烫的开水洒向空中，开水瞬间结成雪白冰晶，向空中散去。

这名队医，在南极内陆科考队挺进昆仑站的路上，就开始出现了问题。他感觉心慌得厉害，头疼得像要爆炸了，呼吸困难，浑身一点力气都没有。在对症服用了多种药物后，病情仍然没有得到缓解，反而逐渐加重了。

这可吓坏了同行的队员们，在这样的极端环境中可不能出现半点闪失！所以科考队及时向国内发出求救信号。经过一番国际通信，澳大利亚科考站派出了一架固

定翼飞机，经过6个小时的长途飞行，飞到昆仑站附近的冰面上，把这名队医接走了，运到了海边的科考站中。

还好，这名医生没有出现严重的肺水肿并发症，经过几天的治疗终于康复了。我想，当时科考队的其他队员得承受多大的心理压力啊，医生病倒了，可不敢再生病了。

那这名队医到底得了什么病呢？

昆仑站所在位置的海拔高度达到了4千多米，这里是南极海拔最高的区域，也是地球上自然环境最为恶劣

的区域之一。这里不单单是寒冷，因为海拔高，空气压力低，这里的氧气异常稀薄。

有多稀薄呢？这里的大气压只有

0.5个大气压，是我们生活的平原城市大气压的一半，空气中的氧气含量也是平原地区的一半。也就是说，你在北京呼吸一口空气，在昆仑站要使劲吸两口才能吸入相当的氧气量。在北京能够完成的事情，在昆仑站差不多要付出双倍的体力才能够完成。是不是太累啦！

要命的是，人类在这样高寒、高海拔的地区很容易得一种因为严重缺氧导致的急性病，叫作高原病，也就是我们常说的"高原反应"。

现在你能猜到，为什么南极内陆科考队员要去西藏集训了吧。在西藏高海拔的环境中训练，能够提早发现科考队员是否有严重的高原病。所以南极内陆科考队员必须先过西藏集训这一关！

那队医为什么通过了训练，还会生病呢？这个嘛，也不能怪医生，主要是西藏环境的恶劣程度和南极相比，还是"小小巫见大大巫"的！

在大气圈内，海拔越高，气温会越低，海拔平均每升高100米，气温要下降约0.6°。在南极冰穹A上，科考队员首先要面对的是"极度寒冷"，然后才是"严重缺氧"！

很难想象在-50°左右的气温里，在室外持续工作是什么感觉！要随时应对雪地车可能发生的机械故障，随时躲避冰面下隐藏的冰裂隙，随时克服身处茫茫冰原上的孤独与恐惧！

西藏地区虽然海拔高，但气候还是温暖多了。所以同样是海拔4千多米，在西藏和在南极，身体感觉完全不一样。

南极海拔4千多米的冰穹A，甚至可以和西藏海拔8千多米的珠穆朗玛峰相提并论。但西藏集训不至于让南极科考队员去登珠峰，那里和南极还是不太一样的。珠峰是陡峭的山峰，需要更多的登山技巧，躲避雪崩；冰穹A是平缓的冰峰，需要忍耐极度严寒，躲避冰缝。

记得我和老徐一起参加的那次西藏集训，每天都

要爬到海拔近5千米的山上，徒步近20千米。最初的两天，我也有心慌、头疼、浑身无力的症状，后来才慢慢适应了。

人们都说，越是健壮的人，高原反应会越严重，因为他们的氧气需求量会比较大。我瘦小的身躯终于在这里发挥了巨大的优势……

# 9. 南极冰芯藏着的秘密

为什么要单独派出一支科考队，登顶南极冰
盖最高点? 那里的南极冰芯到底藏着什么秘密?

我国南极科学考察站昆仑站位于南极海拔最高点，也就是冰穹A点，这里又冷又缺氧，除了冰雪什么都没有，每年都会有十几位南极内陆科考队员驾驶雪地车抵达这里，开展一系列科学考察。

　　昆仑站附近的"冰雪"和其他地方的大不一样。你可能听说过南极可怕的"下降风"，也就是从冰盖上刮下来的风，经常让位于南极大陆边缘的中山站科考队员们苦不堪言，无法开展户外科考，只能躲在科考站的房子里。

　　狂风让房子时不时吱呀作响，似乎下一秒就会被吹倒一样。而在海拔超4千米的南极昆仑站附近区域，并没有想象中的狂风暴雪，而是恰恰相反，这里几乎没有一丝风，似乎进入了一个"密封"的纯净世界。

科学家解释说，在冰穹A点，就和在台风眼的中心位置一样，周围被巨大的"台风云"包裹着，这里无风、晴朗、宁静。

冰穹A区域里像"盛开的白色鲜花"一样的雪，最能让人感受这里的特别。

因为没有一丝风，甚至静得让人感到莫名恐惧。雪花无拘无束地从天空缓缓飘落，落成了很多只有在这里才能看到的"无拘无束"的形状，有的像一个刺猬球，有的像一根银针，有的像一把宝剑。

这里的冰层自上而下变化很小，几乎没有移动，不会像靠近南极周边海岸的冰川一样，在极地强风和冰下河的作用下缓慢地向海洋"溜去"，形成漂浮在海上的巨大冰架。所以，这里记录着我们这个星球几百万年的生命密码！它们被冰封在几千米深的南极"冰芯"里！

　　为什么南极冰芯会蕴藏着地球生命密码呢？

　　我们把南极的冰盖想象成覆盖在南极大陆上的巨大棉被，它可不是只有一层，一年又一年覆盖上去的积雪，被挤压成紧实的"粒雪"，一层又一层。粒雪已经

没有了雪花的晶体形状，而是成了圆球，它们中间有很多孔隙，里面可以"藏"很多东西。

　　每一层"粒雪棉被"里，都封

存了当年的空气、当年的尘土、当年的信息。

就像陆地上的沉积岩封存了不同年代的动物化石，也像树木年轮记录了大树从小到大的成长历程，冰芯中一层层的"棉被"里面藏着古代地球的气体，记录了地球几百万年的气候变迁，肯定蕴含着神奇的地球生命密码！

科学家已经在冰芯气泡中，发现了270万年前地球大气层的气体，他们正根据这些气体的构成，研究"是什么触发了地球的冰河时代"的问题。

昆仑站的大房子里，就有钻探冰芯的大钻头。虽然是在房子里面，但温度也在零下三四十度，队员们的鼻子上经常挂着长长的冰凌。那是鼻子呼出的热乎气儿遇冷凝结而成的，像是两条"大鼻涕"！队员们经常比赛谁的"鼻涕"更长，给这寒冷枯燥的工作增添一点快乐的小作料！

科学家还发现在南极冰盖之下几千米的地方，存

在着神秘的冰下湖，它们被称为地球上最神秘的地方之一。冰下湖里没有阳光，黑暗寒冷，与世隔绝，奇怪的是那里竟然有生命存在。难道它们是外星人吗？

科学家已经在南极冰盖下发现了600多个冰下湖，它们在千万年前就已经形成，十分古老而神秘。其中最大的地下湖名为沃斯托克湖，也被称为东方湖。

在这样的极端环境中，科学家发现大量微生物，它们并不依赖太阳光生存，周围温度也只有零度左右。似乎它们和深海的"黑色生物圈"热液生物一样，有着特殊的能量供给链条，让它们得以生生不息。

也有科学家提出担心，随着南极冰川的融化和人类科考行为的干预，隐藏在冰下湖中的古老神秘的细菌或病毒是否会随之释放出来，从而影响人类生存。

南极冰下湖的秘密有待未来科学家继续探索，也许它们可以揭示外星生命环境的奥秘呢。

每当我和内陆科考队员聊钻冰芯这些事儿的时候，他们总会坏笑着说："我们这些钻冰的没啥新鲜事儿了。你不知道吧，咱们科考队还有几个钻屎的呢！你快去问问他们，钻屎是什么感觉。"

　　啊，在南极还有"钻屎的"科考工作吗？

# 10. 一坨企鹅屎引发的思考

这真的不是一坨简单的企鹅屎！它是化石？

不是！它到底是什么？我认为：它，就是，科学

家的大脑洞！是科学精神！不信，你看！

在南极科考队里，不光是昆仑站的队员忙碌着打钻，在中山站还有几位队员手拿肩扛着钻机，四处寻找他们的目标——屎！

对，你没有看错，他们就是"钻屎的"南极科考队员！

他们找的"屎"，可不是咱们人类的，

而是企鹅的；更不是现在的，而是千年之前的。天哪，千年的企鹅屎！哪里去找？千年的时间，它们岂不都成了屎化石？

这条"找屎"的道路，异常艰辛！"雪龙"号在中山站卸货完毕后，又去了我们国家在南极建设的第一座科考站长城站。三个月的时间，船在外面转了一大圈回到中山站时，这几个"找屎"的队员，还是没有找到"屎"。大家戏称他们是"南极铲屎官"。

此刻，距离科考队员们离开南极只有三天时间了！他们还能找到"屎"吗？

你可能会说："既然找屎，那就去拉屎的地方找呗！"对啊，南极铲屎官在一无所获的三个月时间里，一直围着"企鹅岛"转啊转，钻啊钻，就是没有找到他们想要的"屎"，倒是天天踩得满满一鞋子臭烘烘的企鹅屎回到站区。大家见到铲屎官回来了，都捏着鼻子躲得远远的。

在企鹅岛上转悠，可没有那么容易。首先我们的鼻子要承受着"巨大打击"！耳朵也会"受点轻微伤"。岛上密密麻麻的全是阿德利企鹅，它们趁着南极夏季，天气暖和，到这里筑起巢来，繁衍后代。由于企鹅众多，邻居间难免磕磕碰碰，它们又随地大小便，所以登陆企鹅岛，就像进了养鸡场一样，又臭又吵，一刻都不

想多待。

　　阿德利企鹅的屎大多是红褐色的，因为它们的肚子里经常填满了磷虾，这种小虾个头不大，淡红色虾壳，就像煮熟了的普通河虾一样，它们以南极海冰上的冰藻为食，夜晚会发出荧光。

　　阿德利企鹅拉屎的地方非常随意，可以说是走到哪儿拉到哪儿。企鹅岛裸露的岩石上都成了红褐色，冰面上也有一片片红褐色的小脚印。它们好像唯独在自己巢边拉屎的时候，会"认真思考构图问题"。

阿德利企鹅巢的形状和鸟巢一样，只不过是由小石子垒起来的，企鹅会趴在里面孵蛋。想拉屎了，企鹅就站起身朝着巢外面，屁股一撅，喷出一泡。如果这一顿吃的是更加有营养的小海鱼，也会拉出白颜色的屎。

在企鹅巢周围，会看到一圈散射出去的红线和白线，那都是"屁滚尿流"的痕迹。企鹅用这种方式告诉其他企鹅：这是我的地盘，闲鹅不得靠近！

也经常会有意外发生，因为它们的巢挨得太近了，难免一泡屎拉到别人家去！或者直接拉到别的企鹅脸上，所以这里"邻里纠纷"很多，吵得很！

南极铲屎官们可不想参与纠纷，他们穿梭在企鹅之间，用钻机到处钻孔，试图找到他们真正想要的"千年企鹅屎"。

可惜，钻机打上来的都是南极陆地下的岩石和泥土，或是企鹅们前几天刚拉的臭屎。就在科考队撤离前的第二天，他们几乎要放弃了，干脆去旁边的淡水湖里试试运气。没想到这一次尝试，还真的找到了！

南极铲屎官们终于在科考季的最后一刻，钻到了一根65厘米长的宝贝"屎棍"，他们称它为企鹅粪土层。

经过科学家回国后的细致研究，发现这根"屎棍"里竟然包含了三千年的信息，和人类文明史息息相关。

很奇怪，为什么"千年屎"会有"人类史"的信息呢？

还记得冰芯吗？它里面有一层又一层的"棉被"，每一层都藏有当年的空气、当年的尘土、当年的信息。像是陆地上的沉积岩封存了不同年代的动物化石，也像树木年轮记录了大树从小到大的成长历程，现在可以说，还像这个"屎棍"封存了三千年的企鹅屎一样。

科学家通过研究"屎棍"里不同层次的屎，也就是不同年代的企鹅屎的含量和成分，可以判断出三千年来企鹅数量和食谱的变化。再通过对其中一些化学元素的分析，可以推断地球气候变化的过程。真是太神奇了！

比如"屎棍"上对应的三百年前的屎层里，企鹅屎的量明显增加，反映了这个时期企鹅的数量明显增加。这个时期南极出现过一次"小冰期"，温度相对较低一些，后来随着全球变暖，企鹅的数量又开始减少。

几千年来，只要人类文明达到鼎盛时期时，"屎棍"上对应时间的屎层里，企鹅屎的量就比其他时间的量少；反倒是人类出现大规模战争和疾病时，企鹅屎的量就会多。"千年企鹅屎"就这样和"人类文明史"相遇在了这根"屎棍"上，真的很奇妙！

而且，随着人类文明的发展，各种污染物向海洋肆意排放，有毒元素、微塑料，甚至还有核污染都悄悄进入到海洋食物链中。企鹅们吃了海里的鱼和磷虾，又把屎拉到了南极，渐渐地，南极这块净土也开始被污染。

后来啊，这些南极铲屎官上了瘾，几乎每年都会来南极铲屎。企鹅屎已经不能满足他们的胃口，他们又盯上了南极"千年海豹屎"！甚至跑到我们国家的南海群岛，寻找"红脚鲣鸟屎"。

不得不佩服科学家们的脑洞啊，一坨企鹅屎就能让他们认认真真思考又实践了这么多年！这种"不怕屎"的科学精神深深感染了我！你们呢？

# 11. 非洲惊现"南极企鹅"

起外号是我的专长，不知道企鹅们会不会喜欢？可世界上竟然有这么多种企鹅！非洲竟然也有企鹅，这有点打破我的认知！

作为随队记者，我跟随不同领域的科学家在站区周围开展科考作业。他们有的研究大气，有的研究海冰，有的研究地震，有的研究微生物，有的研究通信……我最喜欢的就是跟着生物学家老前辈去观察企鹅，虽然我傻傻分不清不同种类的企鹅。

不过，跟了两天，我找到了自己的记忆方法，我给每一种企鹅都起了外号，先记住它们，再研究它们。

我给南极企鹅起的外号有"白眼圈""白眼影""小黑帽""白领子""黄耳包"和"黄眉毛"，你们一定猜不到它们都是什么企鹅吧？

**白眼圈**。阿德利企鹅，它是南极最常见的企鹅。曾经排着队来看大宝"雪龙"号。阿德利企鹅在企鹅家族

中属中小型，它
的名字"阿德利"
来源于南极大陆
的"阿德利地"，
这个地方是1840
年法国探险家迪

蒙·迪尔维尔以其妻子的名字命名的。阿德利企鹅的头
有点三角形的感觉，它的眼睛像是涂了一个白色的眼
圈，在黑色羽毛的映衬下，白眼圈格外显眼。

**<u>白眼影</u>**。金图企
鹅、白眉企鹅、绅士企
鹅、巴布亚企鹅，这几
个名字都是它的。红色
的喙又细又长，如果
只看头部，还以为是
一只鸟。据说它是游

泳高手，其他企鹅都赶不上它。它最大的特点是两只眼睛之间有一条白色的羽毛色带。从侧面看去，就像是抹上了白色的眼影。细小的白色斑点，像是闪着光，十分华贵。

**小黑帽**。帽带企鹅，也叫警官企鹅、颊纹企鹅。它们浑身黑白分明，最明显的特征是脖子底下有一道细细的黑色条纹，连接着黑色头顶，像是戴了一顶黑色帽子。

长城站和智利站之间的道路旁，就有好几群帽带企鹅。我趴到雪地上，悄悄挪到它们身边。它们似乎并不介意我靠近，依然在打盹，脖子弯到翅膀旁，眼睛时睁时闭。

**白领子**。帝企鹅，也叫皇帝企鹅，它是企鹅家族的大块头。它像是穿了一件厚厚的黑色礼服，胸前和肚子上露出雪白的衬衣。脖子两侧有两片白色羽毛，和"白衬

衣"是连接在一起的，像是白色的"衬衣领子"。"衬衣领子"和"黑色礼服"之间还有一些淡黄色和橙色的"装饰"，十分高雅。

**黄耳包**。王企鹅，我最初把它和帝企鹅混

97

为一谈，仔细观察才发现它和帝企鹅还真不一样。它的个头要比帝企鹅稍微矮一些，身材也比帝企鹅苗条。脖子两侧的羽毛颜色完全是橙色的，像是戴着一副橙色的"耳包"给耳朵保暖，或是挂着一副橙色"无线耳机"，摇摇摆摆走路时，更像是随着"无线耳机"里的音乐"嗨起来"。

**黄眉毛**。马克罗尼企鹅，也叫通心面企鹅、长冠企鹅。如果不看面部，你还以为是一只阿德利企鹅来到你的身边，再一看脸，啊，这企鹅的眉毛真是太酷啦！它那又长又酷的眉毛，就像意大利面一样，颜色、形状，甚至粗细，都像意大利面，所以被叫作通心面企

鹅。只是不知道，这眉毛是否也是空心的。马克罗尼企鹅的嘴也比其他企鹅的要粗短一些。

"这些外号起的好是好，可出了南极，可能又乱了！"同行的生物学家老前辈、老南极队员边点头边说。

"为什么呢？"我赶紧追问道。

"比如你说的'黄眉毛'吧，长着黄眉毛的，可不只是马克罗尼一种企鹅！而且，南半球的企鹅种类很多，就连热带非洲也有！"

什么？非洲也有南极企鹅？它们是怎么游过去的？那还不热死啦？

"别着急，非洲有企鹅，但不是你说的南极企鹅，它们叫黑脚企鹅或者斑嘴环企鹅，它们和生活在南美洲的洪堡企鹅长得很像。它们生活在赤道附近的非洲，巢穴是在海岸边的岩洞或土洞里，所以也叫非洲企鹅！"老前辈慢悠悠地说。

"非洲企鹅？洪堡企鹅？世界上还有这么多种企鹅

啊……"

"是啊，还有呢，黄脑袋的皇家企鹅、会跳高的跳岩企鹅、怒发冲冠的翘眉企鹅、像蓝精灵一样的小蓝企鹅……多着呢！北半球以前也有过北极企鹅，不过已经灭绝了。"

好吧，我决定，就记住我在南极见到的企鹅，其他企鹅啊，等我环游世界的时候，再与它们相遇吧！

# 12. 真正的南极勇士

在我心目中，南极越冬队员是南极勇士；可在南极越冬队员心目中，它们才是真正的南极勇士！

在南极冬天的漫漫极夜中，各个国家的科考站上，只会留下很少的一部分南极越冬队员值守站区，保持科考站的基本运转。他们是我心目中真正的南极勇士。

可南极越冬队员自己却不这么认为！他们心中还有一位真正的勇士，就是帝企鹅！啊，在这样的"鬼天气"里，它们回来干什么？没有食物！没有水！它们又如何生存？

其实在漫漫极夜开始之前，"白眼圈"阿德利企鹅、"白眼影"金图企鹅、"小黑帽"帽带企鹅、"黄耳包"王企鹅，这些小个子企鹅们全都开始"收拾行李"离开南极，去到温暖的海域生活。

唯独"白领子"帝企鹅们逆行南下，陆续回到了它们的"南极家乡"，这是一场异常艰辛而壮丽的历程。

　　每年的4月份，在海里吃得"膀大腰圆"的帝企鹅们，纷纷踏上返乡征程。这个时候，我们国内正由春转夏，而南极正由夏转冬，白天越来越短，极夜很快就要来临。

　　帝企鹅的家乡在南极冰盖的边缘，是一块块空旷的冰面，一般都在冰川的旁边。这里既有足够的活动空间，又有冰川帮助它们阻挡冬日肆虐的狂风，而且距离大海也不算太远。

　　回到家乡的帝企鹅，会找到自己心仪的另一半，组建家庭。经常看到处在"热恋"中的一对对帝企鹅们，一起做一些很有"仪式感"的动作，或是一起伸长脖子然后缩回，或是一起不停点头，或是一起歪歪扭扭地走路，好像在向外界宣布，它们就是天生一对。

　　很快它们就有了爱情的结晶，一枚帝企鹅蛋正在妈

妈的肚子里孕育。5月份，一个个企鹅蛋产下来了，这个时间南极也即将进入深冬。

每年的6月22日左右，是国内的夏至节气，这个时候，生活在北半球的我们，将迎来白天最长的一天；而在南极，这一天叫仲冬节，是极夜里最黑暗的一天。

企鹅妈妈生出企鹅蛋以后，需要尽快离开家乡，赶在天空完全黑下来之前，海冰还没有完全封住大海，去海里寻找食物。

孵化企鹅蛋的重任就交给了企鹅爸爸，无论多大的暴风雪，企鹅爸爸都要坚守在南极。

企鹅爸爸要先从企鹅妈妈的怀里接过宝宝蛋。在零下几十度的环境中，交接宝宝蛋，可没那么容易！很可能几秒钟的时间，宝宝蛋就冻成了冰。交接时间一定要短，动作一定要快。

交接企鹅蛋真是一个技术活儿：企鹅妈妈先是不断地抬起肚皮下的绒毛，露出宝宝蛋，好像是在提醒企鹅爸爸精力集中一点，"我要把宝宝交给你了，你一定快点接住！"然后，企鹅妈妈小心翼翼地将宝宝蛋从双脚上放到冰面上，企鹅爸爸则要动作迅速地把宝宝蛋用双脚夹起，夹到肚子下面温暖的绒毛里。

有些第一次孵蛋的年轻爸爸妈妈，对这个交接动作掌握不熟练，宝宝蛋在冰面上停留时间过长，蛋里面就会结冰无法孵出小企鹅了。

交接完后，企鹅妈妈们拖着疲惫的身体，返回大海。企鹅爸爸们目送妈妈们远去的背影。背影渐渐消失在冰面上被风吹起的浮雪中，爸爸和宝宝要开始面对可怕的南极冬天了。

爸爸们挤作一团，把头埋在彼此的身体夹缝中，形成一个巨大群体，以便抵御南极的狂风暴雪。爸爸们非常默契，它们会不断地循环更替自己的位置，以保证每个爸爸都能够保持足够的体温。

经过60多天的时间，七八月份里，小企鹅们纷纷破壳而出了，企鹅爸爸们依然不能松懈，它们虽然又累又

冷又饿，体重已经减少了一半，但还是要反刍一些白色分泌物给小企鹅充饥。

没过多久，企鹅妈妈们都吃饱肚子回来了，企鹅爸爸们终于可以去吃东西了。就这样爸爸妈妈交替喂养小企鹅。

到10月、11月的时候，极夜渐渐过去，白天越来越

长，小企鹅慢慢长大了。在帝企鹅群里，会出现"幼儿园"一样的小群体，小帝企鹅们成群地挤到一起，三五只成年帝企鹅像幼儿园老师一样看护着它们。

企鹅爸爸妈妈们终于可以一起外出觅食了。就这样，伴随着帝企鹅家族忙碌的身影，漫漫极夜终于过去，一群新出生的小帝企鹅加入到这个大家庭。可想而知，唯一在南极越冬且哺育幼崽的帝企鹅，是多么伟大的一个群体！它们创造了极端环境下生命的奇迹！

"帝企鹅真的创造了生命的奇迹！"南极越冬队员非常感动地说，"越冬的漫长时间里，我们越冬队员时常会感到莫名恐惧，寂寞、孤独、无力，就像一个人被困在沙漠。没有风雪的时候，我特别喜欢去看看帝企鹅……"

连续几个月没有蔬菜和水果，没有阳光沐浴，南极越冬队员要面对一种在极夜中容易患上的疾病，叫作T3综合征，它会让人陷入情绪不稳定、容易忘事、昏昏沉沉的消极状态。

当我到达中山站的时候，我和几位越冬队员聊天，他们甚至会聊着聊着就睡着了，或者一句话反复说好几遍。他们十分想念在国内看似非常简单的事情，比如，晒太阳、光脚放在草地上、吃水果沙拉、抱抱孩子……

"……有它们的陪伴，我内心就感到很平静！看它们，在这么恶劣的环境中，为了抚育后代，这样坚持着，它们才是真正的南极勇士！它们在家里坚守，我们也是，把我们的南极科考站守住！"南极越冬队员接着说道。

# 13."二师兄"的脸丢在南极

这"二师兄"啊真调皮，雪里有它，石头里还有它。为了在石头里找到"二师兄"的脸，我们的南极地质科考队员冒了巨大的风险！

我说的"二师兄"，是《西游记》里的二师兄猪八戒。因为我属猪，也喜欢小猪，参加南极科考正赶上我的本命年，没想到，在进入南极浮冰区后，我就与二师兄华丽"撞脸"啦！

它那张烟囱鼻子、蒲扇耳朵、绿豆眼睛的大胖脸，悠闲地躺在海冰中，恰巧被我发现了，心想：这二师兄啊，真粗心，啥时候把脸丢在南极海冰里啦！

抵达南极大陆后，我也曾"妄想"在石头堆里找找二师兄的"石头脸"，可总是无功而返。

看我那么想在南极的石头堆里找二师兄，几位地质科考队员满口答应我，一定在野外考察的时候，帮我留意二师兄！

几位地质队员要去中山站西南方向的一块陆地上寻找"消失的大陆"的秘密！

"消失的大陆"的秘密？从哪里消失的？现在又怎么样了呢？

大陆漂移学说认为，两亿多年前的南极洲，比现在要大得多，因为在那个遥远的年代，地球上总共就两块大陆，就像两块还没有被切开的大蛋糕一样，一块叫"劳拉古陆"，另一块叫"冈瓦纳古陆"。后来随着陆地和海洋在地壳上不断移动，大蛋糕被慢慢切开了。

今天的南极洲大陆，就是曾经冈瓦纳古陆的中心。今天的南美洲、非洲、印度半岛、澳大利亚等地，都是"切走的蛋糕"，一路北上了。现在只有南极洲还孤零零地留在了原地。

三名地质队员乘坐直升机抵达了目的地：埃默里冰架东缘的詹宁斯岬。他们计划以这里为起点，连续工作一周时间，期间需要直升机不断往返把他们接送到下一个工作点，然后返程。

可在南极，任何计划都赶不上天气的变化！

三人刚在起点工作没两天，就被突如其来的暴风雪围困了！三个人钻进睡袋，躲进一个小帐篷里。幸亏他们野外科考经验丰富，扎帐篷的地方周围是几座小山丘，可以阻挡一部分狂风，不然小帐篷早就被吹破了。

"我们有个小油炉，就是有点漏油，那火苗时不时地猛蹿一下，老吓人了，我每次都害怕这破炉子把破帐篷给点了……"

"熊掌馒头配牛奶啊！手被破炉子熏黑啦，像熊掌一样。馒头上印着几个大黑手印，啃三个熊掌馒头，再喝一盒牛奶，肚子饱饱的……"

"如果没这么大风，真没觉得我们的帐篷这么薄。这南极的风一刮起来，我算是知道什么叫薄如蝉翼了，铝合金的支撑龙骨就像惊蛇一样狂摆，雪粒砸到帐篷上砰砰响……"

"我拉开一点点帐篷缝隙，我的天啊！天空翻滚的乌云，就像发怒的大海。狂风推动着一排排巨大的雪浪，排山倒海地从眼前

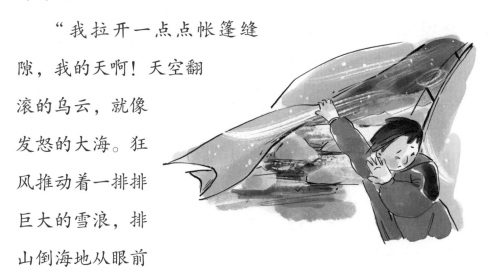

飞过。太可怕啦！"

"帐篷里吃的东西不多了，我探身到外面拉箱子，箱子上的石头太沉，拉了半天才拉动。半开的帐篷门帘被狂风撕开，发出爆响，我耳朵都快震聋了！他们俩在后面使劲拽着我，生怕我被风刮跑喽！"

听着三位地质队员的遭遇，真让人心惊肉跳！

他们是怎么回来的呢？是被"抓"回来的！

狂风暴雪持续了三天，他们就在帐篷里躺了三天。第二天的时候，科考队曾尝试派直升机去救援，可直升机刚刚飞了十几千米，就赶紧掉头回来了。遇到"白化天"了！什么是白化天啊？这种天气在南极的内陆冰盖十分常见。简单地说，就是光线在冰面和空中的雪粒之间不断反射，造成了无法分辨天与地的现象，眼前一片白茫茫。

对于内陆科考队员来讲，只能借助GPS（全球定位系统）找到自己和队友的位置。天虽然是亮的，但真的有点"伸手不见五指"，像是在一个全是白面粉的空间里。

对于直升机飞行员来讲，这种天气下无法判断地平线在哪里。飞得高一点还好，如果想要降落，飞机和地面不是保持水平的，一不小心飞机翅膀就会打到地面上，造成严重事故。

第三天，当三名地质队员登上直升机，以为要接着赶往下一个工作点时，直升机悄悄飞向了中山站。科考队的领队下了死命令：暂停任务，把人接回来！

幸亏回来了。没两天，天气预报显示，他们的下一个工作点又是一场特大暴风雪。

"虽然只跑了一个工作点，这一次还是很有收获的。你瞧，我们找到了二师兄的脸！"地质队员跟我打趣说道。我半信半疑，凑过去看他的相机。

啊！真的是二师兄啊！二师兄的石头脸也丢在了南极！太粗心啦！

# 14. 奇奇怪怪的南极石头

南极的石头长眼睛? 南极的石头长头发?

自从发现二师兄的石头脸"丢"在了南极，南极奇奇怪怪的石头深深吸引了我。我又发挥了起外号的特长，给中山站的石头起名叫"长眼石"，给长城站的石头起名叫"长毛石"。是"成长"的长，不是"长短"的长！

　　**长眼石**。这种石头啊，在中山站附近到处都是，它们有各种奇形和怪状，像螳螂、像鹰嘴。它们有的材质比较松散，不是特别硬，好像大颗粒的沙子聚合而成。在南极狂风的作用下，它们发生了风化，也就是慢慢被消磨了，大石头上满是小石子磨损后的空洞，像是一双双眼睛一样。

　　它们像极了沿海地区"海蚀地貌"的石头，但又比

它们看起来更"细腻"，它们的"眼睛"炯炯有神，一只只"眼睛"小而精致，排列有序，仿佛"水滴石穿"的声音在耳边回响。

它们可不是由滴水形成的，而是由南极的"杀人风"造就的。这里我要先讲一讲冬日的南极到底有多可怕。

"我被隆隆作响的声音惊醒，感觉房子要塌了，这是越冬期间遇到的最大的一次暴风雪。站区发出了警报，不允许任何队员外出！"一位年轻的南极越冬队员回忆起他们遭遇冬季最大暴风雪时，依然心有余悸。"风一直刮了两天两夜，直到第三天早晨，风才小一点，我们几乎打不开外面的门，雪硬是从密封门缝里挤了进来，在玄关堆满了。这些雪冻在一起，非常硬。"

曾经，日本的南极昭和科考站就出现过科考队员被风吹走的情况：当时的南极还允许科考队员饲养雪橇犬，那位科考队员本想把狂风暴雪中的雪橇犬牵到房屋里，可他却一去不回，其他队员根本不敢再出门寻找。直到多年以后，在科考站数公里以外，才找到了这位队员的遗体。所以南极的狂风，也被称为"杀人风"！最大瞬时风速达到了每秒100米，雪粒在狂风中像子弹一样飞！

要知道，南极的风可不只是风而已，它里面裹挟着沙砾、冰屑、雪末，打到脸上生疼。这种时候防风围巾根本不起作用，风镜和面罩需要常备，一旦有点"风吹雪动"就必须赶紧蒙上。

这样的"南极风"不断在岩石表面"撞击"，岩石中不那么结实的部分被侵蚀吹散，渐渐凹陷出一个小石坑，沙砾或者小石头留在石坑中，转啊转，就像眼球在眼睛里，转啊转。

小石坑在沙砾的摩擦下，不断变大变深，直到沙砾或石头磨成碎末，随风飘散。就这样，石头上"长出了"一双双"眼睛"。大块的石头，远看去像个硕大的蜂巢。

**长毛石**。这种石头，在长城站附近，乍一看，还以为是一片"绿洲"。它们身披绿装，长满"绿毛"。近看去，它们像是一棵

棵小灌木，生长在石块上，根部是黑色的。它们的根并没有生长到石头内部，只是附着在石头上，像是用黑色胶水粘在上面一样。

根部向外延伸，颜色逐渐由黑变成灰，又变成灰绿，然后是深绿，最后就是浅绿的"小树枝"，并不平滑，有点像小小的章鱼触手。

这些小树枝就是我们看到的石头的"秀发"。有些小树枝的最顶端，会有一片荷叶形状的扁平末端，像是一把黑色雨伞，又像一朵黑色花朵，据说上面有它们的"花粉"，它们通过这些"花粉"繁衍生息。

很多年前，它们一直被认为是植物。后来科学家研究认为，它们并不是真正的绿色植物，只是一类真菌与藻类或蓝细菌共生而成的有机体，就像小丑鱼和海葵、海蛇尾和海绵、螃蟹和海胆一样，它们是自然界中"互惠共生"的典范。

科考队员叫它们南极地衣，大家会十分小心地穿行在这些"绿植"之间，生怕踩到它们。虽然很想体会一下在南极"踏青"的感觉，但那样做，对这里脆弱的生态系统将是毁灭性的打击。

要知道，这些石头的"美丽秀发"生长速度极其缓慢，每年只能生长不足0.1毫米，最短甚至不到0.01毫米，也只有在南极这种没有人类影响的地域，它们才有机会安静生长。

看着眼前的这片"绿洲"，我不禁跟队友说："看看这些'千年的妖精'，它们是我们爷爷的爷爷的爷爷的爷爷……的辈分了呢，一定别踩着它们的老腰！"

南极地衣很可能是地球上仍保持生命活动的最古老的生物，它们可以用来估算冰川的年龄，还可以用于推断全球气候变化对环境的影响。不知道这些"老妖精"还知道多少秘密！

# 15. 关于南极科考的快问快答

我也能参加南极科考吗? 去南极需要多长时间?

想家了怎么办?

看到这里，是不是有些意犹未尽呢？

要知道，以上这些文字是从我几万字的南极日记中精挑细选出来的，目的只有一个，让你舍不得放下这本书，就要一口气读完。

如果你觉得章节内容有一些跳跃，如果你想再多了解一些南极科考的全貌，如果你还有一些小问题，那我们就以快问快答的形式作为结语吧。

**问：你是怎么获得南极科考机会的呢？**

答：我曾就职于国家海洋局中国海洋报社，作为行业媒体，我们有责任有义务宣传好我国极地科考工作，这是我们的工作。

**问：我也能参加南极科考吗？**

答：当然能！一支科考队由很多种岗位成员组成，科学家只是其中一种，还有飞行员、船员、管理员、厨师、机械师、医生、建筑工人……，当然，还有像我一样的新闻记者。而且，科学家也分很多类别，比如生物学家、地质学家、物理学家、气象学家、医学家……你从现在开始好好学习，立志为我国极地科考工作贡献力量，等你长大后，机会一定更多！

**问：在南极，想家了怎么办？**

答：多年前，我参加南极科考时，打电话还是一件困难且昂贵的事情，感觉自己像生活在外星球。但是现在南极科考站上已经开通了网络，科考队员可以随时和

129

家人联系。

问：去南极，需要多长时间？

答：乘坐破冰船从国内出发的话，一路向南抵达南极中山站，大概需要一个月的时间，中间会在大洋洲的澳大利亚或者新西兰补给一次，然后穿越"魔鬼西风带"，最后抵达中山站。如果乘坐飞机的话，队员一般会先飞往阿根廷或者智利，从南美洲的最南端向南极进发，穿越德雷克海峡，抵达南极长城站，运气好的话，南极天公作美，两三天即可抵达，运气不好的话，可能一周，也可能再长些时间。南极科考队绝大多数队员都是乘坐破冰船前往南极，只有极少数队员会选择乘坐飞机。

问：南极那么冷，你穿什么衣服呢？

答：从里到外，有保暖衣裤（像秋衣秋裤，但稍微

薄一些）、抓绒衣裤、科考外套（有点像夹绒夹棉的冲锋衣裤），有时也会穿上连体服（更保暖，但干活多了，会出汗），这些是

内陆科考队员的标配，还有具有防砸放水功能的户外雪地靴、保暖手套、防风帽子、墨镜等。因为是南极夏季，没有想象中的极端寒冷，其实科考队员户外工作的穿着和我国东北地区差不多。但是南极冬季的时候，科考队员就要时刻提防低温冻伤，一旦遭遇暴风雪天气，科考队是禁止队员离开建筑物的。

**问：去南极工作，累不累？**

答：不是累，是"抓狂"。你可知道，极昼全是

白天，科考队员们一刻不想浪费阳光，20小时连轴转，有时我们记者也会加入到各种物资卸运工作中去。我们记者基本都是"单兵作战"，所以特别担心休息时错过宝贵素材，但又不可能不休息不睡觉，所以很"抓狂"。

**问：我国南极科考几月份出发，几月份回来？**

答：南极科考一般是头年的11月份出发，转年的4月份回到国内，一共大概半年时间。

**问：南极有雪橇犬吗？**

答：现在没有。之前各国科考站上多少都有养犬的经历，比如1912年，罗伯特·斯科特船长率队南极探险时，就携带了大量雪橇犬协助探险队工作。1991年，国际南极条约组织在西班牙首都马德里制定了《关于环境保护的南极条约议定书》，其中附件二第四条规定，不得将狗带入南极陆地和冰架，目前在这些区域的狗应于1994年4月1日前予以移出。从那以后，南极就没有雪橇犬的踪影了。

问：北极海冰越来越少了，如果把面临生存困难的北极熊放到南极行吗？

答：这个问题，在《北极的黑夜与白天》里再谈吧。北极见！

感谢为本书提供科考图片和资料的高登义、刘涛、逯昌贵、魏福海、于旭鹏、胡俊泽、黄丁勇等极地专家老师和科考队友们！谢谢！